TRAITÉ

DU

ZODIAQUE DE DENDÉRAH

ET DES

PLANISPHÈRES HOROSCOPIQUES

DE L'INDE, DE LA PERSE, ET DE L'ÉGYPTE,

Expliqués par l'Astrologie et les Hiéroglyphes idéographiques sans le secours de la Langue sacrée.

Par Camille DUTEIL.

De obscurâ re lucida pango.
(LUCRETIUS.)

PREMIÈRE PARTIE

A PARIS,

Chez Aimé ANDRÉ, Libraire, rue Christine, 1 ;

A BORDEAUX,

Chez Charles LAWALLE, Libraire, allées de Tourny, 20.

1838

V

4744

TRAITÉ

DU

ZODIAQUE DE DENDÉRAH.

A BORDEAUX, DE L'IMPRIMERIE D'AURÉLIEN CASTILLON, RUE DU PETIT-CANCERA, 15.

TRAITÉ

DU

ZODIAQUE DE DENDÉRAH

ET DES

PLANISPHÈRES HOROSCOPIQUES

DE L'INDE, DE LA PERSE, ET DE L'ÉGYPTE,

Expliqués par l'Astrologie et les Hiéroglyphes idéographiques sans le secours de la Langue sacrée.

Par Camille DUTEIL.

De obscurâ re lucida pango.
(Lucretius.)

PREMIÈRE PARTIE

A PARIS,

Chez Aimé ANDRÉ, Libraire, rue Christine, 1;

A BORDEAUX,

Chez Charles LAWALLE, Libraire, allées de Tourny, 20.

—

1838

TRAITÉ

ZODIAQUE DE DENDÉRAH.

INTRODUCTION.

Le Zodiaque de Dendérah est un planisphère horoscopique représentant l'état du ciel immédiatement après la création. Il servait aux astrologues à déterminer l'heure natale du monde, à fixer son antiquité, et à préciser l'époque future de sa destruction par le feu. C'était avec des sphères semblables que ces mêmes astrologues tiraient l'horoscope de ceux qui venaient les consulter.

De temps immémorial, les astronomes égyptiens avaient reconnu ce qu'ils appelaient *le mouvement du ciel des fixes* (précession des équinoxes); la révolution complète de ce ciel était comprise dans une période de vingt-quatre mille ans, selon le calcul inexact des Chaldéens; nos astronomes ayant reconnu que le nœud équinoxial rétrograde dans l'ordre inverse des signes d'un degré en un peu moins de soixante-douze ans, donnent à cette période vingt-cinq mille huit cent douze années de durée. Nous ignorons jusqu'à présent quel était le chiffre que lui assignaient les Egyptiens; mais toujours est-il qu'ils connaissaient *le mouvement du ciel des fixes*, et qu'eux ou les Etrusques l'avaient observé avec une telle exactitude, que le chiffre qu'ils assignaient à la grande période ne diffère pas d'un siècle de celui que lui assigne maintenant l'astronomie.

La vie du monde, selon les Egyptiens, était renfermée dans cette période, et cette vie se divisait en deux règnes, celui de Dieu et celui de l'homme. On enseignait, dans les mystères, qu'au premier moment de la création, le solstice d'été aurait dû correspondre au zéro du Bélier, si alors le soleil et les étoiles avaient été créés, et qu'au moment où l'homme prit possession de la terre, ce même solstice correspondait au zéro de la Balance. La fin du monde devait arriver lorsque le solstice d'été serait revenu à son point de départ, c'est-à-dire au zéro du Bélier; alors le règne de l'homme devait finir, le monde détruit par le feu devait être créé de nouveau, et le règne de Dieu recommencer, ainsi que la vie des hommes appelés par leurs vertus à jouir de la lumière éternelle.

Les sphères et les planisphères horoscopiques représentent toujours l'état du ciel au moment où l'homme prit possession de la terre, parce que, suivant les Egyptiens, Dieu avait tiré l'horoscope du premier homme avant de lui céder son empire; et comme les prêtres astrologues se piquaient de tirer l'horoscope de la même manière que Dieu, ils voulurent, à défaut du ciel primitif que le Créateur avait consulté, avoir au moins une représentation de ce ciel : de là l'origine des planisphères qu'on a retrouvés dans l'Inde, dans la Perse, et dans l'Egypte, et qui TOUS placent le solstice d'été au zéro de la Balance.

FIXATION DES POINTS CARDINAUX DU ZODIAQUE DE DENDÉRAH.

La grande figure qui se trouve à droite du Zodiaque nous servira à déterminer sa position verticale. Cette figure est la représentation du *ciel de la nuit* (1).

Douze figures soutiennent le planisphère et font distinguer les portions de la
circonférence affectées aux génies des douze signes du Zodiaque. Les figures d'hommes à tête d'épervier, agenouillés deux à deux, sont le symbole répété du feu (2);
les figures de femmes debout sont le symbole répété de l'air (3). Les astrologues
enseignaient que le ciel était soutenu par ces deux éléments.

Clément d'Alexandrie (*Stromat.*, liv. 5) nous apprend que les Egyptiens dési-
gnaient symboliquement par un épervier l'équinoxe du printemps; le même auteur
retrouve dans ce symbole deux indications : d'abord, celle de la hauteur qu'ac-
quiert le soleil à cette époque, c'est-à-dire son exaltation; puis, celle des fortes cha-
leurs qu'il commence dès lors à répandre.

Le symbole de l'exaltation chez les Egyptiens est la coiffure royale (4).

Le symbole de la chaleur est un flambeau allumé.

Nous trouvons dans le planisphère un épervier, le plus remarquable de tous,
ayant sur la tête la coiffure royale et placé sur le flambeau;

c'est le Phénix (5).

Comme cet épervier réunit la double indication que Clément d'Alexandrie retrouvait dans le symbole équinoxial du printemps, nous conclurons de là que cet équinoxe correspond au signe des Gémeaux; et comme il se trouve placé précisément sous le dernier des Gémeaux, nous en conclurons en outre qu'il correspond aux derniers degrés de ce signe.

Si l'équinoxe du printemps correspond aux derniers degrés des Gémeaux, le solstice d'été doit correspondre aux derniers degrés de la Vierge.

Au-dessous de la Vierge nous trouvons l'homme à tête de chacal surmontée du croissant de la nouvelle lune, tenant dans ses mains l'*aleph* numérique sacré dérivant de la coiffure divine.

C'est le symbole des *nouvelles ténèbres* (6) qui commencent, au solstice d'été, à reprendre leur empire sur la lumière, et l'*aleph* qu'il tient dans ses mains est le symbole du commencement de l'année solaire, appelée par excellence *l'année de Dieu*, qui, chez les Egyptiens, commençait au solstice d'été et différait de *l'année civile* en ce que cette dernière commençait à l'équinoxe du printemps.

Comme le Nil déborde immédiatement après le solstice d'été, le débordement devait avoir lieu dès que le soleil entrait dans le signe de la Balance; c'est ce qui se trouve clairement désigné par le Lion, symbole du débordement (7), qui appuie ses deux pattes de devant sur le symbole du Nil (8);

et comme le symbole du Nil, surmonté du symbole du débordement, se trouve placé sous le premier plateau de la Balance, il indique par là que le débordement avait lieu dans les premiers degrés de ce signe, et qu'en conséquence le solstice d'été correspondait aux derniers degrés de la Vierge.

Le Lion regarde derrière lui un chien à tête humaine, dressé sur ses pattes de derrière; ce symbole n'est autre que celui de Syrius, l'étoile du grand chien, dont le lever annonçait le débordement.

Au-dessous du symbole du Nil se trouve le premier génie de la Balance qui, montrant une étoile, la plus grosse de toutes celles qui se trouvent dans le Zodiaque et qui n'est encore que Syrius la plus belle étoile du ciel, dit (9) :

Bihoreau................. eau sacrée.

Nil Nil.................... Nil double.

abréviatif pour est.

étoile..................... alors.

L'eau sacrée rend le Nil double à cette époque (au lever de Syrius); en d'autres termes : *Le débordement commence* (10).

Le solstice d'été correspondant aux derniers degrés de la Vierge, l'équinoxe d'automne doit correspondre aux derniers degrés du Sagittaire.

Au-dessus de la croupe du Sagittaire on trouve la Sarcelle,

espèce de canard noir et blanc; cet oiseau de passage ne paraissant en Egypte qu'à l'équinoxe d'automne, son arrivée et sa couleur lui valurent d'être choisi pour symbole de cet équinoxe.

Le génie placé sous les pieds de derrière du Sagittaire

est la représentation d'Osiris dont la tête, couverte d'un voile de pourpre, indique l'époque à laquelle il fut étouffé et égorgé par Typhon; époque qui correspondait à l'équinoxe d'automne, selon les calendriers égyptiens.

A l'équinoxe d'automne avait lieu la fameuse fête des bâtons du soleil. Plutarque nous apprend que les Egyptiens représentaient alors le soleil boiteux et ayant besoin d'un bâton pour se soutenir.

Au-dessus de la croupe du Sagittaire nous trouvons le soleil boiteux ayant son bâton à la main.

Le Nil rentre dans son lit trois mois après le débordement, c'est-à-dire à l'équinoxe d'automne. Cette décrue du Nil n'a pas lieu tout à coup; on commence à s'apercevoir de l'abaissement des eaux un mois à l'avance. C'est ce commencement de la décrue du Nil qui est exprimé symboliquement par le vase que font pencher les pieds de devant du Sagittaire (11).

Sous les pieds de derrière, qui correspondent aux derniers degrés de ce signe, on trouve écrit en hiéroglyphes (12) :

vase	{ vase sous lequel	} absence d'eau	
eau	{ est l'eau.		
est...............................	est.		
étoile...........................	alors.		

Fin du débordement.

L'équinoxe d'automne correspondant aux derniers degrés du Sagittaire, le solstice d'hiver doit correspondre aux derniers degrés des Poissons.

Osiris, mis à mort par Typhon à l'équinoxe d'automne, fut coupé à morceaux par ce même Typhon; et Isis, qui recueillit les membres épars de son époux, leur donna la sépulture au solstice d'hiver. C'était par le tronc mutilé d'Osiris ou par la momie d'Osiris que les Egyptiens peignaient symboliquement le solstice d'hiver (*Horus-Apollon,* liv. 2, chap. I), ou mieux, c'était le tronc mutilé d'Osiris ou la momie de ce dieu qui était le génie de ce solstice. Au-dessous des Poissons, et correspondant aux derniers degrés de ce signe, nous trouvons le tronc d'Osiris assis sur son trône.

Le solstice d'hiver corrrespondant aux derniers degrés des Poissons, l'accroissement des jours doit commencer à partir des premiers degrés du Bélier.

Dans la table où se trouve indiqué l'accroissement des jours à la manière égyptienne, nous avons (IIe Table, 1re Division) (13) :

mouvement.

jour (journée).

est.

Bélier.

} deux signes intermédiaires, le Taureau et les Gémeaux.

Cancer.

demi-jour (demi-journée).

ce qui doit se traduire par : *L'accroissement des jours à partir du premier degré du Bélier jusqu'au dernier degré du Cancer est d'une demi-journée;* en d'autres termes : *La différence en plus qui existe pour le jour qui correspond au dernier degré du Cancer, comparé à celui qui correspond au premier degré du Bélier, est de six heures.*

Puisque les solstices et les équinoxes se trouvent correspondre, dans le Zodiaque de Dendérah, aux Poissons, à la Vierge, aux Gémeaux, et au Sagittaire; qu'en outre les symboles de ces solstices et de ces équinoxes se trouvent placés de manière à indiquer que les quatre grandes divisions du Zodiaque correspondent aux derniers degrés des signes précités, et qu'enfin les phénomènes célestes et terrestres

qui ont lieu immédiatement après les solstices se trouvent précisément correspondre aux premiers degrés des signes suivants, nous pouvons en conclure que les
nœuds équinoxiaux et les points solsticiaux correspondent *au dernier degré* des signes où ils se trouvent.

Mais si nous remarquons que l'homme à tête de chacal (symbole des nouvelles
ténèbres) qui tient dans ses mains l'aleph numérique sacré (symbole du commencement de l'année divine) n'est pas précisément sous la Vierge, mais sous l'espace
qui est entre la Vierge et la Balance, et qu'en outre ce même symbole répété, tenant le sceptre céleste,

se trouve encore entre ces deux signes; nous devons en conclure en définitive que
le solstice d'été, ou le commencement du règne des nouvelles ténèbres, correspond à *la fin du trentième degré de la Vierge,* c'est-à-dire *au zéro de la Balance.*
Nous observerons aussi, pour corroborer notre opinion, qu'il y a dans le Zodiaque
quatre petits éperviers : l'épervier étant un des symboles du soleil, ces quatre éperviers en indiquent ici les quatre stations. Le premier se trouve entre les Gémeaux
et le Cancer, et marque que l'équinoxe du printemps correspond au zéro de ce
dernier signe : le second se trouve au-dessus de la Vierge, entre elle et l'homme à
tête de chacal; il est monté sur le taureau pour indiquer que dans cette station le
soleil est parvenu au terme de *son travail* ascendant (14), et indique par conséquent que le solstice d'été correspond au zéro de la Balance. Au-dessus et immédiatement après le soleil boiteux nous trouvons le troisième épervier (15) qui nous
dit que l'équinoxe d'automne correspond au zéro du Capricorne; enfin nous trouvons le quatrième épervier monté sur la tête du chien adossé au chacal mort (16),
et qui, placé entre les Poissons et le Bélier, nous indique que le solstice d'hiver
correspond au zéro du dernier signe.

La jambe de cheval,

hiéroglyphe du cheval blanc (17), symbole de la lumière ou du soleil, détermine toute la partie du Zodiaque dans laquelle le jour triomphe dans *sa marche* de la nuit, c'est-à-dire depuis le solstice d'hiver jusqu'au solstice d'été ; et pour bien désigner que l'extrémité de la cuisse du cheval correspond au zéro du Bélier, on a eu soin de tracer en petit l'image du Bélier qui touche la cuisse du cheval de sa partie postérieure à laquelle correspond le zéro du signe.

Le Zodiaque de Dendérah est donc, comme nous l'avions dit en commençant, un Zodiaque horoscopique représentant l'état du ciel après la création.

DE L'AGE DU ZODIAQUE DE DENDÉRAH.

Si on voulait, par l'état du ciel que présente ce Zodiaque, préciser l'époque à laquelle il fut sculpté, ce Zodiaque aurait huit mille six cents ans d'antiquité. On conçoit qu'avec la meilleure volonté du monde il est impossible de le faire remonter jusque-là; nous en resterons donc réduits à des conjectures sur l'âge de ce monument. L'étude du temple de Dendérah pourrait seule donner la solution de ce problème; quant à nous, notre opinion serait que *ce Zodiaque n'est pas antérieur à notre ère,* et qu'il fut sculpté par les Grecs, sous la direction des prêtres astrologues de Tentyris, pendant la domination romaine.

En effet :

On trouve du grec et du latin dans ce Zodiaque. Sa grande Ourse

est d'origine grecque avec un accoutrement égyptien. Les Egyptiens appelaient cette constellation *le chien de Typhon,* et ils y peignaient *un chien noir à long poil :* les Arcadiens qui inventèrent la fable de Calisto y peignirent une *ourse.* Nos astronomes ont conservé à cette constellation sa figure égyptienne, mais ils lui donnent le nom d'*Ourse* comme les Arcadiens; c'est ainsi qu'on s'explique la grande queue de notre grande Ourse, quoique dans la nature les ours n'aient pas de queue apparente.

La constellation du Cancer est aussi d'origine grecque. Les Egyptiens y peignaient une tête d'oiseau granivore et une queue de scorpion, ou simplement un homme à tête d'oiseau granivore, comme nous le démontrerons dans la seconde partie de notre Traité.

En avant des Poissons nous trouvons un homme à deux visages habillé à l'égyptienne :

cette figure ne peut être symbolique que tout autant qu'elle indiquerait un équinoxe; alors il faudrait supposer une face noire et l'autre blanche. Nous ne devons
y voir que la fameuse divinité des Romains, *Janus,* qui était pour eux le symbole
du commencement de l'année à partir du solstice d'hiver. Au-dessous nous trouvons le véritable Janus égyptien;

c'est le soleil arrêtant le chacal, ou la lumière qui, au solstice d'hiver, arrête la
marche des ténèbres; c'est d'ailleurs ce qui se trouve écrit hiéroglyphiquement entre les deux Janus (18) :

 ténèbres.
 arrêt.
 alors.

L'enfant à tête d'épervier, monté sur le Capricorne,

nous paraît aussi d'origine romaine : l'épervier étant le symbole du soleil, un enfant à tête d'épervier sera le soleil personnifié du solstice d'hiver. Placé sur le Capricorne, il indiquerait une époque où le point solsticial correspondait au milieu
de cette constellation, époque à laquelle nous reportons les médailles romaines
frappées sous les empereurs, qui représentent un enfant sur une chèvre, avec ces
mots : *Jovi crescenti.* Cette figure ne serait-elle pas le *Jupiter crescens* masqué en

égyptien ? A tout cela nous ajouterons l'opinion du célèbre Visconti qui, par *le faire* du monument, a reconnu le type grec; c'est ce qui nous porte à croire comme lui que le Zodiaque de Dendérah n'est pas antérieur à l'ère chrétienne, et qu'on le doit, ainsi que le temple, à la piété de quelques-uns de ces empereurs romains qui cherchaient dans le culte élastique de l'Egypte un remède contre le remords, et dans la futile science de l'astrologie, la connaissance d'un avenir qui épouvante toujours les tyrans.

NOTES.

(1) Pour peindre symboliquement l'idée de *ciel*, les Egyptiens peignaient un homme les deux bras élevés,

position naturelle de celui qui veut désigner ou implorer le ciel. Mais comme les astrologues divisaient le ciel en deux hémisphères, *hémisphère du jour* auquel préside le soleil, et *hémisphère de la nuit* auquel préside la lune; pour représenter symboliquement *le ciel du soleil* ou *le ciel mâle*, ils peignaient un homme nu, les deux bras élevés; et pour peindre *le ciel de la lune* ou *le ciel femelle*, ils peignaient une femme dans la même position, mais vêtue et ayant une coiffure à carreaux noirs et jaunes, telle enfin qu'elle est représentée à côté du Zodiaque de Dendérah.

Les Egyptiens abrégèrent les symboles, et cette abréviation est ce que nous appellerons ici *hiéroglyphes* proprement dits. Ainsi, au lieu de peindre un homme les deux bras élevés vers le ciel pour signifier *ciel*, on se contenta de peindre les deux bras seulement;

mais lorsqu'il s'agissait de peindre non-seulement l'idée de *ciel*, mais encore de préciser l'idée de *ciel de la nuit*, alors il fallait déterminer le genre. Ici ce sera le genre féminin exprimé hiéroglyphiquement par le sein d'une femme; en plaçant cet hiéroglyphe sous les bras élevés,

nous exprimons hiéroglyphiquement ce qui est symboliquement désigné par la grande figure du Zodiaque de Dendérah.

Le nom de *ciel de la nuit* en langue sacrée est OUE;

Le nom de *ciel du jour* dans cette même langue est OUA;

Et enfin le nom de *ciel tout entier* est OU.

Ce dernier nom est la racine de IOU, *divin ciel*; IOUPITER, *divin ciel saint trois fois*; IESOU, *divine force du ciel*, etc.

Les Egyptiens employaient encore d'autres symboles pour peindre l'idée de *ciel ;* mais nous ne croyons pas devoir nous y arrêter, notre intention n'étant ici que d'expliquer les symboles et les hiéroglyphes dont nous donnons la traduction.

(2) L'épervier, oiseau qu'on voit planer pendant le jour dans le ciel de l'Egypte, fut primitivement le symbole de l'*élévation,* hiéroglyphiquement une aile d'épervier peignit la même idée ; puis lorsque cet hiéroglyphe fut seul consacré à peindre l'idée d'*élévation,* l'épervier devint alors dans l'écriture symbolico-hiéroglyphique l'image du *soleil de .a lumière et du feu.* Un homme à tête d'épervier peut signifier *le soleil* ou *le feu* personnifié ; il faut, pour préciser sa valeur, avoir égard à son costume et à son sceptre.

Dans la Table isiaque, PHTHA, ou l'élément du feu personnifié (voy. *Extrait de la Table isiaque,* fig. 5), est assis sur un trône et tient dans ses mains un râble, tel que celui dont nos boulangers se servent encore pour tisonner leur four ; il est représenté avec un petit tablier de peau, tablier dont se servent les forgerons, tablier qu'on donnait aux initiés du premier degré dans les mystères d'Egypte, comme étant le symbole du *travail intellectuel* et duquel dérive le tablier maçonnique.

Les hommes à tête d'épervier qui soutiennent le Zodiaque n'ont point de sceptre, mais ils ont le tablier qui indique ici qu'ils sont le symbole du feu et non pas du soleil. Un homme à tête d'épervier représente le soleil lorsqu'il est vêtu seulement de la tunique courte, et qu'au lieu du râble il tient le sceptre céleste, tel qu'on le retrouve plusieurs fois dans le Zodiaque même de Dendérah.

(3) L'air est du genre féminin en langue sacrée, et son nom s'écrit tel qu'on le prononce ER ; c'est la racine de

$$H\rho\alpha$$

Junon des Pélasges qui présidait à cet élément. ER était la femme de PHTHA. Dans la Table isiaque (fig. 4) ER est représentée par une femme les jambes serrées dans une tunique étroite sur laquelle sont peintes des mouches ; elle est assise sur un trône vis-à-vis de son époux et tient un sceptre pur. Le Roi-Pontife (fig. 6) lui offre un oiseau prenant son essor, qui, dans cette position, est lui-même un symbole de l'air.

(4) Les rois, les prêtres, et les nobles ou guerriers, formaient en Egypte trois classes qui seules étaient comptées, car seules elles possédaient les terres et le pouvoir ; le peuple était esclave et ne comptait que comme bête de somme.

Chaque caste avait une coiffure particulière : celle des prêtres était un simple bonnet ;

celle des nobles était une espèce de casque où la coquetterie militaire avait déjà implanté un plumet ;

et celle des rois, qui réunissaient au souverain pontificat le commandement suprême des armées, se composait de la coiffure sacerdotale et de la coiffure militaire.

Tout noble, appelé par les prêtres et par les guerriers à succéder à un roi, ne pouvait prendre cette coiffure qu'après avoir été initié aux grands mystères ; c'était seulement après cette initiation, qui constituait le sacre des rois d'Egypte, qu'ils étaient exaltés sur l'*Ariel* et recevaient du *Pap*, ou grand pontife, la coiffure royale : de là cette coiffure devint le symbole de l'*élévation*, de l'*exaltation*, et de la *royauté*. L'Ariel, ou trône sur lequel on élevait le nouveau roi devant les ordres assemblés, doit se trouver encore entre les pattes du gigantesque sphinx de Djizé et avoir neuf coudées de hauteur.

(5) D'après les témoignages comparés d'Hérodote, de Strabon, de Porphyre, et de Nonnus, il paraîtrait que cet oiseau que nous appelons *épervier* diffère de l'épervier ordinaire par l'éclat de son plumage et par la vivacité de ses yeux, qu'enfin c'est un oiseau particulier à l'Ethiopie, où il se trouve encore vénéré par les Turcs, si nous en croyons Constant d'Orville ; ce serait alors, à la résurrection près, le véritable Phénix des poëtes. Mais comme il faut toujours faire la part de l'exagération des historiens voyageurs, et que d'ailleurs on n'a jamais produit le Phénix vivant ou empaillé, nous pensons qu'il est prudent, jusqu'à plus ample instruction, de ne voir dans le Phénix que notre épervier ordinaire. Si les habitants de Philes, au rapport de Strabon, allaient chercher en Ethiopie un épervier-phénix lorsque leur épervier sacré mourait, il serait absurde de croire que les Tentyriens, qui les élevaient par centaines, aient jamais employé ce même moyen pour remplacer leurs dieux lorsqu'ils venaient à crever.

(6) Le chacal est une espèce de renard qui ne vague que pendant la nuit en faisant entendre un cri lugubre et monotone. Les Egyptiens en firent le symbole des *ténèbres*. Un homme à tête de chacal sera la personnification des *ténèbres*. Le croissant de la lune, les cornes tournées en haut, indique la nouvelle lune ; pris d'une manière générale, ce croissant donne l'idée de *nouveauté*. Un homme à tête de chacal, surmontée du croissant de la nouvelle lune, peindra donc à lui seul l'idée de *nouvelles ténèbres* ou d'*enfance des ténèbres*. Le savant Dupuis avait soup-

6

çonné déjà que les figures composées des Egyptiens ne devaient être que des phrases symboliques. Horus-Apollon, qui nous a transmis la valeur de quelques symboles qu'il avait appris par ouï-dire, prétend que le chacal désignait un *scribe sacré*, c'est-à-dire celui qui écrivait en hiéroglyphes : comme de son temps la science hiéroglyphique était *ténébreuse*, il n'est pas étonnant qu'on représentât par un chacal celui qui s'en occupait.

Pour ce qui est de *l'aleph numérique sacré dérivant de la coiffure divine*, nous ne pourrons expliquer cette lettre qu'en traitant de la langue sacrée ; du reste, comme cette lettre correspond à la lettre A, la première tant dans l'ordre des voyelles que dans celui de l'alphabet; prise numériquement, elle représente l'unité chez les Egyptiens comme chez tous les peuples.

(7) Horus-Apollon, Plutarque, et Théon, nous apprennent que le lion avait été choisi pour symbole du *débordement*, parce que le débordement arrivait précisément lorsque le soleil parcourait la constellation du Lion ; c'est pour cela, ajoutent-ils, que les clefs des temples et les tuyaux des fontaines présentaient toujours en Egypte l'effigie du lion. Selon nous, le lion ne fut choisi pour symbole du *débordement* que parce qu'il peint par sa force irrésistible celle de l'élément qui bondit tous les ans du désert, patrie du lion, pour venir féconder la terre d'Egypte. La terre elle-même était représentée symboliquement par une lionne, le plus souvent couchée, pour désigner par là son immobilité apparente.

Lorsqu'on voulait désigner plus particulièrement *la terre d'Egypte*, on donnait à la lionne couchée une tête de femme (l'Egypte personnifiée),

et quelquefois en avant du poitrail on ajoutait des mamelles pour indiquer la fécondité de cette terre. Ce sont ces figures improprement appelées *sphinx*, et qui en langue sacrée s'appellent PIERT ou PTER.

L'eau est du genre masculin en égyptien; en langue sacrée son nom est AIG. AIG était le mari d'ERT, car c'est l'eau qui féconde la terre. L'ibis, oiseau aquatique, est le symbole de *l'eau*; un homme à tête d'ibis (voy. *Table isiaque*, fig. 2) est le symbole personnifié de cet élément ; il est aisé de le reconnaître aux crocodiles qui soutiennent son trône avec l'extrémité de leur museau, à sa coudée graduée qui servait à mesurer les crues du Nil, et enfin à son sceptre surmonté de la tête de l'Egypte personnifiée, l'Egypte étant le pays le plus soumis à l'empire de cet élément. En face d'AIG se trouve sa femme ERT (fig. 3); au-dessous de son trône on voit un temple, une lionne, et une tige de papyrus, symboles de la terre; sur le trône même on trouve un homme agenouillé tenant une tige de papyrus.

Puisque nous nous sommes servis de la Table isiaque pour expliquer les symboles du Zodiaque de Dendérah, nous pensons qu'il ne sera pas inutile d'en dire ici quelques mots, nous proposant du reste de donner un traité complet de cette Table dans notre *Etude de la langue sacrée*.

La Table isiaque est un de ces tableaux qu'on plaçait dans le sanctuaire de la haute initiation. Cette Table représente la Nature (fig. 1), dont le nom mystique est IEAOU avec les quatre éléments : AIG, ERT, ER, et PHTHA, l'eau, la terre, l'air, et le feu. On voit par là que le but de la haute initiation égyptienne était de ramener les hommes au culte de la Nature, qui fut le culte primitif. Le nom mystique de la Nature, composé des cinq voyelles, comme celui de IEOUA, signifie en langue sacrée ainsi que ce dernier nom : TOUT CE QUI EST. Le nom mystique d'IEAOU ne devait jamais être prononcé devant les profanes; il est écrit en hiéroglyphes phonétiques sacrés dans la table placée sous le trône de la Nature, avec la qualification M qui signifie *forte*. Ainsi le véritable nom mystique ou le nom complet est MIEAOU (prononcez comme les chats). Le chat ne dut sa divinisation, ou pour mieux dire l'honneur d'être considéré comme un être divin, qu'à la faculté qu'il a de prononcer les noms mystiques des divinités égyptiennes, et surtout celui de la Nature; aussi a-t-on représenté un chat sur le trône de la Nature, qui semble être là pour enseigner la véritable prononciation du *Mieaou* mystique.

(8) Le plan d'un vase carré dans lequel on a figuré de l'eau agitée,

ou, pour mieux dire, une fraction d'un plan du Nil, est le symbole parlant du Nil lui-même.

(9) Le Bihoreau à manteau noir, *cordea nycticorax,* de Linnée, est une espèce de héron. Tout oiseau ichtyophage est le symbole de *l'eau*. Tout oiseau huppé est considéré comme sacré, et par conséquent devient le symbole de *consécration*. Le Bihoreau, qui est ichtyophage et huppé, réunit à lui seul l'idée d'*eau sacrée ;* et comme l'eau sacrée, chez les Egyptiens, était l'eau fécondatrice, l'eau pure de l'*algm*, l'eau enfin du débordement, le Bihoreau en devint le symbole.

Nous avons déjà expliqué dans la huitième note que le symbole répété, placé au-dessous du Bihoreau, était le symbole du *Nil* : ici la petitesse de la figure a empêché qu'on y figurât de l'eau agitée. La répétition du symbole indique *le Nil double* ou *le Nil débordant*.

Le troisième symbole est l'abrégé de l'hiéroglyphe phonétique,

qui signifie *est* ou *sont*. Nous ne pouvons expliquer cet hiéroglyphe qu'en traitant du verbe *être* de la langue sacrée. Nous nous bornerons ici à faire observer que cet hiéroglyphe très-fréquent doit toujours se traduire par *est*, troisième personne du présent de l'indicatif du verbe *être*, et que ce sera toujours ainsi que nous le traduirons dans le cours de notre Traité.

Le dernier symbole est une étoile. Une étoile peut signifier *soleil, jour, an,* ou *une époque quelconque déterminée* (*Horus-Apollon*, liv. 2, chap. I); nous la traduirons ici par l'adverbe *alors,* qui précise une époque bien déterminée.

(10) On pourrait objecter que le lever de Syrius ne devait pas annoncer le débordement lorsque le solstice d'été correspondait aux derniers degrés de la Vierge : à cela nous répondrons que la faute ne doit pas en être imputée à la traduction qui est exacte, mais à l'ignorance des prêtres de Tentyris, qui croyaient bonnement que la concordance des phénomènes célestes et terrestres qui avaient lieu de leur temps, avaient dû exister autrefois : quoique traducteur, et malgré les obligations que nous impose ce titre, nous ne chercherons pas à justifier les bévues des astronomes égyptiens.

(11) On pourrait avoir des doutes sur la figure du vase que font pencher les pieds de devant du Sagittaire, un vase étant ainsi représenté :

mais il faut savoir que les Egyptiens abrègent ordinairement leurs figures symboliques lorsque la nécessité le demande ; ainsi cette figure

est encore un vase représenté ainsi, afin que les pieds du Sagittaire qui sont dedans puissent être vus.

Il en est de même pour les bateaux qui sont aussi un symbole de *l'eau*. Un bateau égyptien est ainsi représenté :

sans mât.   avec mât.

Nous trouvons ces mêmes bateaux abrégés de la manière suivante :

Sans mât (Zodiaque de Dendérah)

Avec mât (différents monuments)

De cette dernière figure dérive le trident de Neptune. Le Neptune grec n'est autre que l'AIG égyptien dont le sceptre était ordinairement surmonté d'un bateau au lieu d'être surmonté de la tête de l'Egypte personnifiée, comme nous le trouvons dans la Table isiaque, et le bateau abrégé sur le sceptre donne cette figure :

trident d'AIG et de Neptune.

(12) Un vase seul signifie *eau*, car il est toujours sensé rempli d'eau : par extension il peut signifier *le Nil*; mais lorsqu'on figure de l'eau au–dessous, on indique par là qu'il n'y a pas d'eau dans le vase, ou que cette eau s'en est écoulée, et que par conséquent le vase est à sec. Ces deux symboles, placés l'un sous l'autre, signifient donc *absence d'eau*, et quelquefois *sécheresse*. Ici ils signifient *absence d'eau* ; mais dans ce même Zodiaque, aux Génies du Cancer, ces deux symboles doivent se traduire par *sécheresse*; car alors il ne s'agit pas du Nil, mais bien de la sécheresse que produit le soleil en montant vers les régions boréales; ainsi nous traduirons ces hiéroglyphes des Génies du Cancer :

sécheresse, augmentation de sécheresse.

M. Champollion le jeune, ayant trouvé ces hiéroglyphes devant un Génie qu'il a pris pour un Décan, a cru que c'était le *nom* du Décan, tandis que ce sont les *paroles* du Génie; et comme il savait qu'un des Décans avait nom *Chnoumis*, ce savant a lu, par le Copte et au moyen de son système élastique, *Chnoumis*, là où nous lisons *absence d'eau* et *sécheresse*.

Du reste, nous devons prévenir dès à présent, et nous le démontrerons en mille occasions, que M. Champollion le jeune *n'a rien compris aux hiéroglyphes, qu'il ne connaissait pas même la valeur exacte et complète d'un symbole, et qu'enfin le révérend Père Kirker, dont il parle avec tant de mépris, n'a pas torturé plus que lui les malheureux hiéroglyphes.* Il est inutile de dire que le Copte n'est ni la langue vulgaire ni la langue sacrée des Egyptiens, et qu'avec la connaissance du Copte on ne doit point s'aviser de traduire autre chose que les Liturgies.

(13) Le premier hiéroglyphe est le symbole du *mouvement* : pour peindre le *mouvement*, les Egyptiens peignirent d'abord *un homme qui marche* ; puis, par abréviation, on se contenta

7

de peindre *les deux jambes* de cet homme, et quelquefois même *une seule jambe*. Les Egyptiens se servaient aussi d'un autre symbole, de *l'arc,* pour peindre le *mouvement.* Ici on les a réunis pour bien préciser l'idée. L'arc qui imprime le mouvement à la flèche, la fronde qui imprime le mouvement à la pierre, sont ordinairement les symboles du mouvement dans les hiéroglyphes *cursives* d'où dérivent les lettres : tous les peuples les ont adoptés ; c'est la cause pour l'effet. Notre lettre D, considérée seule, peint le *mouvement ;* les consonnes n'expriment que des idées relatives, comme nous l'expliquerons dans notre *Etude de la langue sacrée.* Notre D majuscule dérive visiblement de la peinture de l'arc. La gravure sur bois ou sur pierre ayant, dans les premiers âges, présenté des difficultés pour conserver la pureté des contours, les graveurs substituèrent des lignes brisées aux lignes courbes ; de là le

des anciennes inscriptions grecques, qui devint ensuite le

ordinaire. Pour ce qui est du

minuscule grec, qui devint par abréviation le

usuel, ainsi que le

Cuphique, et enfin notre gaulois, ces lettres dérivent de la peinture de la fronde. Le

des peuples du nord dérive du *Fustibale,* bâton, au milieu duquel était une fronde de cuir (Vegèce), et qui servait aussi à lancer des pierres.

Nous avons déjà dit dans la neuvième note qu'une étoile peut signifier *soleil, jour, an,* ou une époque quelconque déterminée : ici nous la traduirons par *jour,* c'est-à-dire *une journée de douze heures.*

L'hiéroglyphe phonétique indique ici, comme partout ailleurs, la troisième personne du présent de l'indicatif du verbe *être.*

Au lieu de peindre le Bélier tout entier, on s'est contenté d'en peindre ici la tête à l'extrémité d'une *barre,* afin de faire comprendre que les deux autres barres sont aussi l'expression abrégée des deux signes suivants, le Taureau et les Gémeaux, que par économie de temps ou d'espace on n'a pas cru devoir indiquer.

Quant au Cancer, il n'y a pas d'obscurité.

Pour ce qui est de l'expression hiéroglyphique de *demi-jour* ou de *demi-journée*, cela nécessite une explication : d'abord il faut savoir que tout ce qui est hiéroglyphe ou symbole est sensé être peint ou destiné à être peint, et que le fond même sur lequel étaient gravés ou dessinés les hiéroglyphes avait une couleur arrêtée. Ici la couleur du fond des tables du Zodiaque de Dendérah devait être blanche, les étoiles devaient être peintes en jaune; mais l'espace renfermé entre les deux bâtons était peint en noir, et comme une ligne qui joindrait l'extrémité des deux bâtons du côté de l'étoile partagerait cette étoile en deux parties égales,

une de ces parties étant, comme le fond, peinte en noir, on ne voyait que la moitié de l'étoile; or, comme une étoile signifie ici *jour de douze heures,* la moitié d'une étoile signifiera *moitié d'un jour* ou *six heures.*

(14) Le bœuf qui, chez les Egyptiens, labourait les terres, battait le blé, voiturait les récoltes, faisait tourner les roues hydrauliques qui transportaient les eaux du Nil dans les canaux pour l'irrigation des terres, le bœuf, travailleur par excellence, devint le symbole du *travail.* Une *corne de bœuf* exprimait la même idée en hiéroglyphe, comme nous l'apprend Horus-Apollon. L'épervier étant le symbole du soleil, cet épervier, monté sur le bœuf,

se traduit idéographiquement par *soleil surmontant le travail,* c'est-à-dire *le soleil parvenu au terme de son travail,* qui consiste dans son ascension lorsqu'il remonte vers le nord; en définitive, *l'instant où il est parvenu au solstice d'été.*

M. Champollion le jeune, qui n'était pas plus fort sur l'astronomie égyptienne que sur l'écriture des papyrus, prend ce groupe pour une constellation qu'il appelle *Orus-Bœuf,* et qui correspondrait à la constellation du *Bouvier,* selon lui. Le Bootis était connu des Egyptiens, mais ils ne connaissaient pas d'Orus-Bœuf.

(15) Cet épervier sur l'ibis et l'étoile placée au-dessous donnent une phrase symbolique :

 soleil.

 eau.

 alors.

soleil sur l'eau, c'est-à-dire *soleil dominant l'eau à cette époque*; soleil de l'équinoxe d'automne faisant rentrer le Nil dans son lit.

(16) Le chien est le symbole de *la chaleur* et de *la lumière*. D'abord on donna le nom de *chien* à l'étoile (Syrius) qui, par son lever, annonçait le débordement, parce qu'elle faisait l'office du chien qui prévient son maître; mais comme cette étoile ne se levait que dans le temps de la plus forte chaleur, c'est-à-dire au solstice d'été, le chien qui représentait cette étoile devint par extension le symbole de *la chaleur* et de *la lumière :* telle est du moins l'explication qu'on peut en donner selon l'opinion de Plutarque dans son Traité d'Isis. Cependant il paraîtrait que ce ne fut pas ce motif; les Egyptiens avaient remarqué que cet animal avait l'estomac si chaud qu'il digère les os mêmes, et que ses excréments pris intérieurement produisent par leur causticité l'effet d'un aphrodisiaque puissant, égal au moins à la cantharide. Les docteurs égyptiens se servaient de ces mêmes excréments pour en faire la base de leur pierre à cautère; c'est pour cela que le chien devint le symbole de *la chaleur* (la cause pour l'effet), et par suite de *la lumière du soleil* qui produit la chaleur.

Le chacal, comme nous l'avons expliqué, est le symbole des *ténèbres*. Dans ce groupe,

qui nous présente l'épervier sur le chien adossé au chacal mort, on a voulu donner une idée symbolique du solstice d'hiver, époque où les jours commencent à reprendre leur empire sur les nuits : aussi disait-on en argot astrologique : *Le chien a tué le chacal*, pour dire : *Nous sommes au solstice d'hiver;* comme on disait : *Le Phénix vient de renaître de ses cendres*, pour dire : *Nous sommes à l'équinoxe du printemps.*

Nous avons déjà vu que le solstice d'été était désigné par un homme à tête de chacal, surmonté du croissant de la nouvelle lune, symbole composé peignant *les nouvelles ténèbres* ou *l'enfance des ténèbres*, qui commencent à reprendre leur empire à ce solstice. La vie des ténèbres durait tout le temps que le soleil mettait à parcourir l'écliptique d'un solstice à l'autre en redescendant vers le sud; arrivé au solstice d'hiver, la lumière prenait alors naissance : elle était représentée par le chien; et comme la vie des ténèbres était alors terminée, on les représentait par le chacal mort.

(17) Un cheval blanc était le symbole de *la lumière*; un cheval noir, celui des *ténèbres*. Le cheval blanc était consacré au soleil, le cheval noir à la lune. Une tête de cheval blanc serait l'hiéroglyphe qui peindrait aussi l'idée de *lumière*; mais une jambe de cheval blanc réunit hiéroglyphiquement à elle seule l'idée de jambe qui peint *le mouvement*, et l'idée de cheval blanc qui peint *la lumière*; de telle sorte que cette jambe seule signifie *mouvement de la lumière*.

M. Champollion le jeune a vu dans cet hiéroglyphe une constellation qu'il appelle *la Cuisse*, constellation du ciel boréal, voisine de la petite Ourse. Non-seulement il n'existe point de constellation de *la Cuisse* chez les Egyptiens, mais encore il n'existe pas de constellation figurée par une portion de symbole; c'est toujours un symbole complet qui en est l'image.

(18) Ces hiéroglyphes sont ce que nous appellerons *hiéroglyphes cursives*. Un carré peint en noir est le symbole de l'*alym* ou *mer ténébreuse*, d'où tout était sorti selon les Egyptiens; c'est en définitive le fameux *quaternaire* de Pythagore. Peignant la mer *ténébreuse*, cet hiéroglyphe donne l'idée de *ténèbres*; plus simple et plus facile à peindre que le cheval noir ou le chacal, cet hiéroglyphe dut être préféré dans certaines occasions où le défaut d'espace nécessitait une figure moins compliquée.

Un bras tendu, le poing fermé, est l'hiéroglyphe de l'homme qui arrête le chacal, et se traduit idéographiquement par *arrêt*.

Quant à l'étoile, il n'est plus nécessaire d'en parler.

Nous ne terminerons pas ces notes sans faire observer que la répétition d'une même idée était mise en hiéroglyphes ou en symboles différents dans les monuments égyptiens, afin que ceux qui ne pouvaient pas comprendre certains symboles ou certains hiéroglyphes pussent en acquérir la connaissance en retrouvant au-dessus, au-dessous, ou à côté, d'autres symboles ou d'autres hiéroglyphes dont la valeur ne leur était pas étrangère.

DE L'ÉCRITURE HIÉROGLYPHIQUE.

Avant de passer à la seconde partie, nous croyons indispensable de donner une légère notion de l'écriture hiéroglyphique et une explication claire et précise des termes dont nous nous servirons.

Les hiéroglyphes, ou *écriture sacrée* des Egyptiens, se divisent en deux classes : hiéroglyphes *phonétiques* ou écriture sacrée peignant les sons, et hiéroglyphes *idéographiques* ou écriture sacrée peignant les idées. Ces deux classes se confondent parfois, et il existe des hiéroglyphes *mixtes,* qui sont en même temps *phonétiques* et *idéographiques.* Pour traduire les hiéroglyphes *phonétiques,* qui d'ailleurs dérivent des hiéroglyphes *idéographiques,* il faut connaître la *langue sacrée;* pour ce qui est des hiéroglyphes *mixtes,* on peut au besoin s'en dispenser ; et pour les hiéroglyphes *idéographiques,* cette connaissance n'est pas nécessaire. Ce sera seulement de ces derniers que nous allons nous occuper.

DES HIÉROGLYPHES IDÉOGRAPHIQUES.

Les hiéroglyphes idéographiques se divisent en *iconographiques* et en *symboliques.* Les hiéroglyphes *iconographiques* sont ceux qui peignent l'objet même ; ainsi *iconographiquement* l'idée de chien sera représentée par la peinture d'un chien, l'idée de crocodile sera reproduite par la peinture d'un crocodile. Les hiéroglyphes *symboliques* sont ceux qui, au moyen d'un objet pris dans la nature, transmettent une idée qui ne peut pas être *iconographiquement* rendue, c'est donc une écriture de convention ; mais les Egyptiens cherchaient toujours, autant que possible, qu'il y eût entre l'idée métaphysique et l'objet physique qui la peignait, un rapport direct : ainsi *symboliquement* la peinture d'un chien donnait l'idée de *chaleur,* la peinture d'un crocodile exprimait celle d'*abondance* et de *richesse.*

Les Egyptiens, pour distinguer ces deux écritures, avaient soin de peindre *ordinairement* d'une certaine façon l'objet lorsqu'il devait être lu *iconographiquement*, et d'une autre lorsqu'il était seulement considéré comme *symbole*. Exemple : pour peindre l'idée de *chien*, on peignait un chien à oreilles droites, une espèce de levrier enfin dans sa position naturelle :

pour peindre l'idée de *chaleur*, c'était bien encore un chien, mais ce chien était d'une autre espèce ; c'était un chien couchant à longues oreilles pendantes, et assis sur son derrière comme les barbets auxquels on fait faire l'exercice.

Le crocodile peint en profil est *iconographique* ;

lorsqu'il est *symbolique*, on le peint vu d'en haut. Ainsi cette figure

signifie *richesse, abondance.*

L'abréviation de l'écriture *iconographique* devenait quelquefois *symbolique :* un homme avec la coiffure royale, assis sur un trône et ayant un sceptre à la main,

peint iconographiquement l'idée de *Roi.*

Une main seule, armée du sceptre, peint symboliquement l'idée de *royauté.*

Cette abréviation de l'écriture iconographique conservait cependant parfois sa valeur iconographique, et la main armée du sceptre peut peindre aussi l'idée de *Roi*.

Quant à l'abréviation des hiéroglyphes *symboliques*, cette abréviation peint toujours l'idée complète du symbole, et même très-souvent elle se transforme en hiéroglyphe que nous appellerons *polydéographique*, c'est-à-dire peignant plusieurs idées ; telle serait, par exemple, la jambe de cheval, abréviation du cheval blanc, symbole de *la lumière*, qui peint à elle seule l'idée de *marche de la lumière*, comme nous l'avons expliqué dans la dix-septième note.

A tout cela qu'on ajoute *la position des symboles* qui donnent quelquefois une idée tout à fait opposée à celle qu'ils peignaient, pris isolément (voy. note 12), et on aura une idée de ce que sont les hiéroglyphes *idéographiques*.

La plus grande difficulté n'est pas dans la connaissance raisonnée des symboles, dans la valeur nouvelle de ces mêmes symboles selon leur position ; ce qui arrête quiconque entreprend de traduire les hiéroglyphes *idéographiques*, c'est la connaissance positive du *peuple* auquel ils appartiennent, c'est enfin ce qu'on nous permettra d'appeler *les dialectes hiéroglyphiques*.

DES DIALECTES HIÉROGLYPHIQUES.

On sait, par le témoignage des historiens et des naturalistes de l'antiquité, que le crocodile, par exemple (Ælian. *De Animal.*), était adoré à Coptos et en horreur à Tentyris, tandis que l'épervier qu'on adorait à Tentyris était abhorré à Coptos : de là ces haines de religion qui nécessitèrent plusieurs fois l'intervention des rois et du conseil suprême des trente pour empêcher les deux peuples de s'égorger à la plus grande gloire de l'épervier et du crocodile. Le motif de cette superstition s'explique par la position géographique de Tentyris et de Coptos. Tentyris, placée sur les bords du Nil, n'avait besoin que de la moindre inondation pour voir féconder son territoire, tandis que Coptos, située à l'extrémité des terres où parvient le plus grand débordement, avait besoin d'une grande crue du Nil pour voir féconder ses campagnes. Un grand débordement qui renversait ses digues était un fléau pour Tentyris, un faible débordement présageait à Coptos la disette. Le Nil qui coulait sous les murs de Tentyris lui procurait le voisinage perpétuel du crocodile qui lui dévorait ses troupeaux et ses enfants, et avec lequel les Tentyriens étaient toujours en guerre. Le crocodile dut être par conséquent, pour ce peuple, un animal odieux, et devenir dans leurs symboles l'image du *crime*. A Coptos, au contraire, où le crocodile n'était aperçu que lorsque les grandes crues du Nil le lui amenaient, son arrivée présageant une bonne récolte, il devint pour ses habitants, qui fermèrent les yeux sur ses mauvaises qualités, le symbole de *l'eau fécondatrice,* de *l'abondance,* et de *la richesse.* L'épervier qui est obligé de s'éloigner d'Egypte pendant les grands débordements, ne pouvant se reposer nulle part, était pour Tentyris le présage d'une faible crue du Nil lorsqu'elle le voyait ne pas abandonner le ciel au moment de l'inondation, et dans son écriture l'épervier devint le symbole d'une *sécheresse heureuse* et du *soleil bienfaisant ;* pour Coptos cet épervier n'étant qu'un présage de famine, il devint dans ses hiéroglyphes le symbole d'une *sécheresse disetteuse.* Puis, enfin, la superstition ayant attribué à l'épervier un empire sur les faibles débordements dont il était le présage, et au crocodile une puissance sur les fortes inondations dont il était l'avant-coureur, ces deux peuples qui avaient des intérêts opposés durent adorer les Génies prétendus de ces intérêts opposés ; de là Coptos adressa ses prières au crocodile et maudit l'épervier, tandis que Tentyris invoqua l'épervier et détesta le crocodile. Il ne faut pas croire que ces deux villes fussent ennemies parce que l'épervier est l'ennemi du crocodile, comme on l'a dit ; cette prétendue rivalité n'existe pas dans la nature. Cependant les ennemis du crocodile devinrent les ennemis de Coptos : l'ichneumon, rat d'Egypte, qui détruit les œufs du crocodile, était considéré à Coptos comme le symbole du *crime,* et à Tentyris ce même ichneumon était regardé comme le symbole de la *justice* parce qu'il tuait ce qui pour elle était le symbole du *crime.*

Par ce seul exemple on doit comprendre de quelle importance doit être la connaissance précise du peuple auquel appartiennent les hiéroglyphes qu'on entreprend de traduire. Cette différence dans la valeur symbolique d'un même objet constitue ce que nous appellerons *dialectes hiéroglyphiques;* ainsi nous dirons *dialecte de Coptos, dialecte de Tentyris,* etc.

Tous les hiéroglyphes qui se trouvent dans le Zodiaque de Dendérah sont en dialecte de Tentyris, car Dendérah n'est autre que l'ancienne Tentyris; c'est ce qui explique l'absence du crocodile dans ce Zodiaque où l'épervier est reproduit fréquemment.

Traduction d'une inscription hiéroglyphique iconographico-symbolique de Beit-Oualy.

Avec les connaissances que nous avons déjà acquises nous pourrons facilement déchiffrer une inscription de Beit-Oualy, et par cet exemple compléter plus facilement les notions préliminaires que nous avons présentées sur la traduction des hiéroglyphes idéographiques; d'ailleurs il faut aussi connaître le génie de la langue égyptienne transmis par les caractères sacrés.

Et d'abord nous préviendrons que les Egyptiens étaient les plus sentencieux de tous les peuples de l'antiquité, sans en être pour cela meilleurs. Toutes les inscriptions hiéroglyphiques où M. Champollion a lu des éloges royaux ne sont généralement que des exhortations au travail, à la chasteté, à la charité, etc., ou des sentences et des proverbes, qui faisaient qu'un érudit Egyptien était un homme qui possédait éminemment la qualité ridicule de l'écuyer de Don Quichotte; soit donc l'inscription de Beit-Oualy ci-dessous figurée et qu'il s'agit de traduire :

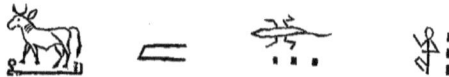

On conçoit de prime abord que cette inscription n'est pas des plus soignées quant au fini des figures; cependant on voit bien que cette figure

n'est autre que celle-ci,

qui peint iconographiquement l'idée d'homme.

Les hiéroglyphes se lisent de droite à gauche ou de gauche à droite, selon la direction des figures ; et comme les figures de cette inscription vont de droite à gauche, nous devons la lire dans ce sens, et ici comme partout nous sommes diamétralement opposés à M. Champollion.

La première figure peint iconographiquement l'idée d'*homme*. Les trois petits traits placés tels qu'on les voit dans l'inscription sont des signes de multiplication, c'est comme si on avait peint trois hommes au lieu d'un ; ce qui signifie que *homme* doit être mis au pluriel. Si ces petits traits avaient été placés *sous* la figure de l'homme au lieu d'être placés *à côté* de la figure, cela eût signifié que *homme* était le sujet d'un verbe; mais comme les signes de multiplication sont à côté, ils indiquent que le mot *homme* n'est le sujet d'aucun verbe, et que par conséquent il est au vocatif : nous traduirons donc ce premier hiéroglyphe par

O HOMMES!

Le second hiéroglyphe est le plus embarrassant. C'est bien le crocodile symbolique sous lequel nous trouvons les traits de multiplication qui nous indiquent que la valeur symbolique de ce crocodile est au pluriel, et en outre que ce même symbole est le sujet d'un verbe; mais quelle est ici la valeur symbolique du crocodile? signifie-t-il *crime* comme à Tentyris, ou *richesse* et *abondance* comme à Coptos? enfin, en quel dialecte cette inscription se trouve-t-elle écrite? Supposons, pour abréger, que par des tâtonnements nous soyons parvenus à acquérir la conviction que toutes les inscriptions de Beit–Oualy sont écrites en dialecte de Coptos, ce crocodile

signifiant alors *richesse* ou *abondance*, la position des points de multiplication nous indiquant que les mots *richesse* ou *abondance* doivent être mis au pluriel, et en outre qu'ils sont le sujet d'un verbe, nous traduirons ce crocodile par

LES RICHESSES.

Nous avons déjà dit dans les notes que l'hiéroglyphe

est phonétique et doit toujours se traduire par *est* ou *sont :* le sujet du verbe indique d'abord si on doit considérer cet hiéroglyphe comme troisième personne du singulier ou troisième personne du pluriel; ici *les richesses* étant au pluriel, le verbe doit être au pluriel. Nous traduirons donc ce troisième hiéroglyphe de l'inscription par

SONT.

Le bœuf

est symbole du travail dans tous les dialectes. Ici il signifiera *travail* et sera le régime du verbe; mais au-dessous de ce bœuf nous trouvons un bras armé du sceptre,

lequel peut signifier *Roi* ou *royal*, comme nous l'avons déjà dit : cet hiéroglyphe

10

est *adjectif* et qualifie ici l'idée symbolique exprimée par la peinture du taureau; ces deux hiéroglyphes enfin signifient *travail-roi* ou

TRAVAIL ROYAL.

Ainsi donc l'inscription de Beit-Oualy doit se traduire par HOMMES, LES RICHESSES SONT UN TRAVAIL ROYAL, ce qui revient à HOMMES, LES RICHESSES SONT (sous-entendu *le produit d'un*) TRAVAIL NOBLE. Enfin, pour traduire cette inscription en *bon français,* comme disent les collégiens, et lui conserver dans notre langue son parfum sentencieux, nous la traduirons par

HOMMES, UN NOBLE TRAVAIL CONDUIT A LA FORTUNE;

et par *noble travail* ou *travail royal* les Egyptiens entendaient *la recherche de la pierre philosophale,* autrement dite *le grand-œuvre.*

FIN DE LA PREMIÈRE PARTIE.

ERRATA.

Page 16, ligne 6, *au lieu de* au-dessous, *lisez* au-dessus.

— ligne 14, *au lieu de* époque à laquelle nous reportons, *lisez* époque à laquelle nous reportent.

Page 21, ligne 16, *au lieu de* Constant d'Orville, *lisez* Contant d'Orville.

Page 25, ligne 24, *au lieu de cordea nycticorax*, lisez *ardea nycticorax*.

Page 26, ligne 5, au lieu de *cursives*, lisez *cursifs*.

— ligne 15, le D gaulois se trouve renversé et doit être ainsi placé ᘐ.

Page 29, ligne 14, au lieu de *cursives*, lisez *cursifs*.

Ciel
de la Nuit

1 Gémeaux; 2 Cancer; 3 Lion; 4 Vierge; 5 Balance; 6 Scorpion; 7 Sagittaire; 8 Capricorne; 9 Verseau; 10 Poissons, 11 Bélier, 12 Taureau.

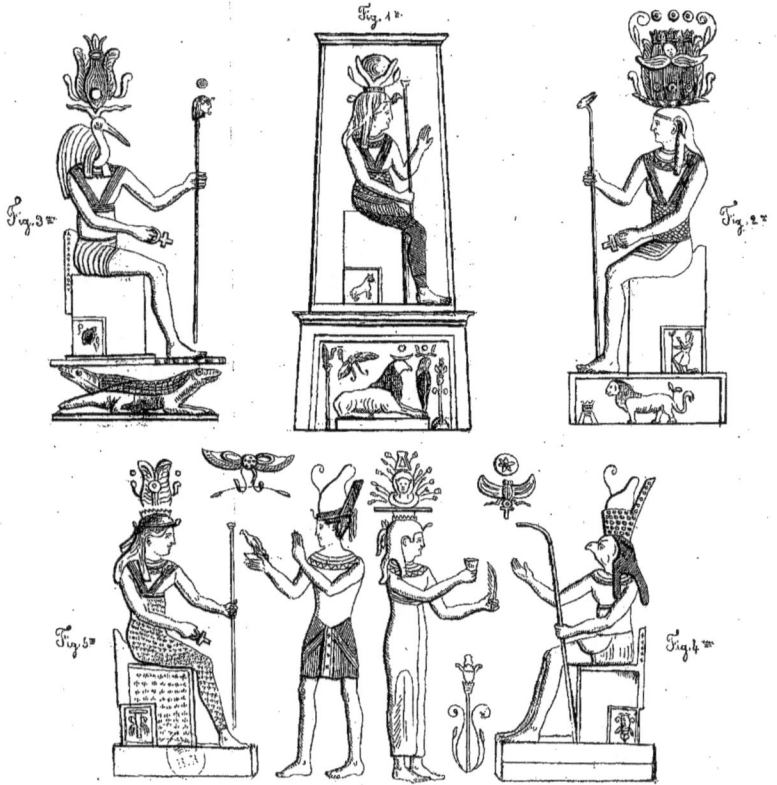

EXTRAIT DE LA TABLE ISIAQUE.